Original title: Verte forêt
Author: Eric Batut
© Editions de L'élan vert, 2018
Published by arrangement with Dakai – L'agence
All rights reserved

版权贸易合同登记号　图字：01-2023-1150

图书在版编目（CIP）数据

地球调色盘系列绘本.绿色森林／（法）艾瑞克·巴图著、绘；邢培健译.--北京：电子工业出版社，2023.6
ISBN 978-7-121-45441-7

Ⅰ.①地…　Ⅱ.①艾…　②邢…　Ⅲ.①地球—少儿读物　②森林—少儿读物　Ⅳ.①P183-49 ②S7-49

中国国家版本馆CIP数据核字（2023）第071100号

责任编辑：董子晔
印　　刷：北京盛通印刷股份有限公司
装　　订：北京盛通印刷股份有限公司
出版发行：电子工业出版社
　　　　　北京市海淀区万寿路173信箱　邮编：100036
开　　本：889×1194　1/16　印张：10　字数：34.5千字
版　　次：2023年6月第1版
印　　次：2023年6月第1次印刷
定　　价：120.00元（全5册）

凡所购买电子工业出版社图书有缺损问题，请向购买书店调换。若书店售缺，请与本社发行部联系，联系及邮购电话：（010）88254888，88258888。
质量投诉请发邮件至zlts@phei.com.cn，盗版侵权举报请发邮件至dbqq@phei.com.cn。
本书咨询联系方式：（010）88254161转1865，dongzy@phei.com.cn。

系列绘本

绿色森林

[法]艾瑞克·巴图 著/绘　邢培健 译

电子工业出版社
Publishing House of Electronics Industry
北京·BEIJING

我们两个生物学探险家

离开了大城市，前往**森林**，

去寻觅藏在那里的**宝藏**。

我们搭乘一辆

被旅客和行李挤满的汽车，

沿着一条小路前行。

小路笔直地向前延伸、延伸。

我们到了一个休息站。
伐木工在这里下车，赶去工作。

被**毁坏**的森林看起来像狼藉的战场。

我们和向导碰头，坐上他的车，开始了**冒险**之旅。

接下来，一条**大河**出现在眼前。

我们坐上一艘长长的独木舟。

森林在我们面前铺展开来。

大河
在树木
之间穿流。
我们
乘着
独木舟，
行进了
两个
小时。

什么时候才能找到藏在森林里的**宝藏**呢?

夜晚降临了。

我们搭起一个

供三个人休息的帐篷。

动物的**叫声**和其他一些**奇怪的声音**在森林里此起彼伏。

第二天早上，
我们重新踏上**旅程**。
我们的向导
知道该往哪里走。

变色龙啊，
你看见了我们，我们也
看见了你，
你别以为可以不被察觉，
悄悄溜走。

快到中午的时候，
我们来到一个
土著人的村庄。
这些**勇猛**的男人和女人
已经在**森林**里
生活了**数千年**。

通往巨大**宝藏**的道路还在继续。
这时下起了大雨。当然，这在我们的预料之中，
因为这里几乎每天都会下雨。

雨停了。
一只鹦鹉
把自己的颜色
送给了**彩虹**。
好神奇，彩虹就挂在
我们头顶上方。

看！我们终于
找到了
了不起的宝藏！

我们赞叹不已。

这是一只光彩夺目的**蝴蝶**，它已濒临灭绝。

我们的蝴蝶
飞走了。
绿色是森林的颜色。
绿色的森林、
就是这个星球的
宝藏，
你千万不要
消失啊！